LA

POPULATION EN FRANCE

ET LA

QUESTION HYDROLOGIQUE

NOTE

SUR LES CONDITIONS GÉNÉRALES DE L'AMÉNAGEMENT
ET DE LA DISTRIBUTION DES EAUX DANS LES CAMPAGNES.

PARIS
TYPOGRAPHIE DE HENRI PLON
IMPRIMEUR DE L'EMPEREUR
RUE GARANCIÈRE, 8.

1858

LA

POPULATION EN FRANCE

ET LA

QUESTION HYDROLOGIQUE.

LA
POPULATION EN FRANCE

ET LA

QUESTION HYDROLOGIQUE

NOTE

SUR LES CONDITIONS GÉNÉRALES DE L'AMÉNAGEMENT
ET DE LA DISTRIBUTION DES EAUX DANS LES CAMPAGNES.

PARIS
TYPOGRAPHIE DE HENRI PLON
IMPRIMEUR DE L'EMPEREUR
RUE GARANCIÈRE, 8

1858

INTRODUCTION.

M. Troplong, président du Sénat, vient de prononcer au comice agricole de Corneilles (Eure) un discours qui a produit en France une sensation marquée.

L'orateur, en effet, ne s'est pas borné à traiter de considérations purement locales : sa parole a bientôt pris une portée plus générale; les phénomènes que présente actuellement le mouvement de la population en France ont en particulier attiré son attention.

Après avoir constaté la prospérité actuelle de la Normandie, M. Troplong ajoute :

« Cependant, au milieu de cette prospérité croissante, il est un phénomène digne d'attention. Depuis près d'un demi-siècle, nos communes rurales ont perdu quelque chose de leur population. Chaque recensement a constaté des déficits et des migrations qui, peu sensibles d'abord, ont abouti au bout d'une période prolongée à un total qui n'est pas sans importance. Ce fait, qui s'est produit dans d'autres départements, a donné lieu à des suppositions affligeantes et à des comparaisons étranges. On a semblé craindre pour l'alimentation de la France, pour le recrutement de ses armées, pour le maintien de sa grandeur; on nous a même prédit le sort du Bas-Empire, épuisé par la désertion des campagnes avant de s'écrouler sous l'invasion des barbares. Nous ne voyons pourtant pas, Messieurs, ce que le Bas-Empire peut avoir à faire avec notre civilisation moderne, si ce n'est qu'il y avait des sophistes à Byzance, et qu'il serait possible que la race n'en fût pas entièrement éteinte.»

Ce dernier trait, lancé de main de maître et tombant de haut, aura sans doute été frapper qui de droit. Il ne s'adresse assurément pas aux statisticiens qui constatent les faits, aux économistes qui les contrôlent, aux savants dont la mission est d'en déterminer les causes, aux hommes d'État qui ont à en faire l'objet de leurs préoccupations.

Et en effet, M. Troplong le dit expressément : il ne voudrait parler que de ce qu'il connaît, et n'a pas la prétention d'infirmer des jugements qui reposent sur des faits non vérifiés par lui. C'est donc une impression purement personnelle et relative quand il poursuit :

« Au fond, tout ceci ne saurait être, au moins pour la région où nous sommes, un sujet d'épouvante; si je dois juger du reste par ce que nous avons sous les yeux, nous pouvons faire taire de vaines alarmes. »

En s'exprimant ainsi, il est manifeste que le patriotisme de l'orateur l'entraîne au delà de ses prémisses. Son désir de voir la France toujours et partout heureuse, riche et prospère, lui montre l'exceptionnelle Normandie comme un miroir dans lequel se reflète la France entière. Aussi conclut-il en s'écriant :

« Quoi qu'on dise ou qu'on craigne, notre agriculture peut défier les sinistres prédictions et compter sur un brillant avenir. »

Telle est aussi la conviction de quiconque a mûrement médité le problème de la population en France.

Seulement, ce ne sera pas en défiant les prédictions sinistres, ce sera en les conjurant avec les puissants moyens de la civilisation moderne.

Évidemment, M. Troplong fait trop bon marché d'alarmes sérieuses. Il ne tient pas assez compte de prédictions qui ne sont que le rappel de faits historiques produits dans des circonstances dont il faut à tout prix empêcher le retour. Aussi, conséquent avec l'impression qui le domine, M. Troplong ne croit pas qu'il y ait lieu de s'inquiéter de la tendance actuelle des campagnes à la dépopulation. C'est surtout la partie incapable ou mauvaise qui s'en va, et la campagne se trouve ainsi « déchargée du fardeau d'éléments inutiles ou dangereux qui, à leurs risques et périls, sont allés cacher dans les villes leur misère, leur paresse et leurs vices. »

Cette manière de voir a sa valeur; mais l'emigration des campagnes ne suffit pas, seule, à expliquer comment la population totale de la France, après s'être accrue de près de moitié pendant le dernier demi-siècle devient maintenant de plus en plus sensiblement stationnaire.

Là est la vraie question.

Comment se fait-il que, sous le régime féodal, la capacité de population de la France n'ait pu s'élever au delà de 25 à 26 millions d'habitants? Comment se fait-il que sous le régime de la division de la propriété, telle que l'a faite le Code Napoléon, cette même capacité ne paraisse pouvoir se maintenir au maximum de 36 millions?

L'équilibre actuel de la population est-il stable ou instable?

Le Code Napoléon, qui a doté la France de 10 millions d'âmes, résultat immense, suffira-t-il à les y maintenir?

Impérissable monument de la liberté civile, quand la liberté civile est matériellement praticable, le Code Napoléon lui-même ne serait-il pas mis en danger par un changement profond dans les conditions de la population?

Ceci est le chapitre des prévisions sinistres.

Mais, par contre, s'il y a danger, ce danger est-il impossible à conjurer? Au lieu de rester stationnaire ou de tendre à s'amoindrir, la population de la France ne peut-elle s'accroître encore? N'y aurait-il pas pour la France un maximum normal de population, maximum stable et dont la population actuelle pourrait bien n'être qu'une petite fraction?

Telles sont, entre autres, les questions que soulèvent les faits mis en lumière par les derniers recensements.

Ces questions, il n'y a aucun inconvénient, aucun péril à les méditer. Il pourrait y en avoir d'immenses dans l'optimisme concevable, mais assurément dangereux, qui a dicté le discours de M. Troplong.

En tenant en haute considération l'opinion particulière ainsi émise, même avec réserves, par l'éminent jurisconsulte que rehausse en outre l'éclat des plus hautes fonctions, il importe que son autorité ne s'impose pas au point de faire subir à la question de la population en France une éclipse même momentanée.

Il est nécessaire, il est indispensable, que jusqu'à solution complète, cette question continue à rester ouverte, à tenir en éveil l'attention des économistes et des hommes d'État.

Au surplus, la question de la population et celle de l'agriculture sont dans la plus étroite dépendance. Toute augmentation dans la production agricole détermine necessairement une augmentation correspondante dans la population totale.

La question de l'agriculture est donc le terrain sur lequel tout le monde se rencontrera d'accord avec M. Troplong, lorsqu'il affirme que « le progrès, qui entraîne tout, ne saurait laisser en arrière la plus ancienne, la plus essentielle et la plus durable de nos industries. »

Or ce serait hâter le plus sûrement les progrès de l'agriculture que de mettre sérieusement en France la question hydrologique à l'ordre du jour. C'est pourquoi, surtout à l'occasion du discours de M. Troplong, on a jugé le moment opportun pour publier quelques considérations à ce sujet.

LA

POPULATION EN FRANCE

ET LA

QUESTION HYDROLOGIQUE.

I

POSITION DE LA QUESTION.

Placée sous la dépendance de la météorologie, l'hydrologie est la science qui traite de l'aménagement des eaux et de leur application aux divers besoins de la consommation et de l'industrie. Sa principale branche est celle qui concerne l'irrigation ou emploi des eaux dans l'agriculture, art connu depuis la plus haute antiquité, mais qui, nulle part encore, n'a reçu l'immense extension que lui réserve son importance économique.

C'est de cette branche de l'hydrologie, et en particulier de ses résultats économiques, qu'on se propose ici d'entretenir quelques instants le lecteur, en le prévenant qu'on y spécifie sous la dénomination de *question hydrologique* l'ensemble des considérations tant techniques que financières qui se rapportent au développement des irrigations en France.

Parmi les points les mieux établis touchant l'importance économique des irrigations, on remarque en particulier les suivants :

Au point de vue le plus général, l'irrigation est la base fondamentale de la production des engrais.

Les engrais communiquent aux sols les plus arides une fertilité illimitée.

A tout accroissement de la production du sol correspond un accroissement parallèle de la richesse publique et particulière.

La population s'améliore et s'accroît dans la même proportion que les facultés nouvelles de la consommation.

Malgré l'évidence de ces propositions, l'irrigation est si peu avancée en France, que rien ou presque rien encore n'a été fait pour l'obtention et la généralisation de résultats aussi importants. Non-seulement presque rien n'a été fait, mais, à la résistance actuelle des capitaux à s'engager dans ce genre d'opérations, il semble, en outre, qu'il y ait impossibilité de faire.

Cependant, et aux yeux des personnes prévoyantes, il y a lieu de se hâter.

Les derniers recensements établissent qu'après un élan rapide dans la première partie de ce siècle, la population de la France commence à devenir stationnaire. D'après la plus incontestable des lois économiques, celle de la proportionnalité de la population aux moyens de subsistance, un ralentissement quelconque dans le mouvement de la population implique nécessairement un ralentissement correspondant dans la production du sol. De ralentissement à décroissance, il peut n'y avoir qu'un pas. De là la question si grave :

Le sol de la France, considéré en général, est-il actuellement en voie sensible de détérioration ou d'appauvrissement?

Ce qui paraît certain, c'est que le mouvement ascensionnel de la population, dû aux conséquences territoriales de la révolution de 89, est maintenant terminé. Le morcellement, considéré comme instrument de production, a achevé de porter ses fruits. Non-seulement la production du sol autrement divisé ne s'accroît plus, mais divers autres signes, tels que le désordre toujours croissant du système hydrologique, le malaise de l'agriculture en général, la désertion des campagnes, etc., portent un jour peu rassurant sur sa décadence probable.

Dans cet état de choses, la question hydrologique acquiert les proportions d'une question politique du premier ordre.

L'hydrologie résout en effet directement le fondamental problème de l'équilibre de la population avec le sol qu'elle occupe. Elle démontre que la capacité de population d'une contrée donnée est proportionnelle à la quantité de pluie utilisée dans la culture du sol. Le maximum de pluie utilisable détermine nécessairement le maximum de la population : car, hors du système des jachères, système impossible dans les populations concentrées, les engrais seuls peuvent compenser exactement les pertes du sol, et hors de l'accroissement des irrigations il ne saurait y avoir accroissement des engrais.

On se trouve donc amené en France en présence de l'alternative suivante :

Ou la question hydrologique restera longtemps encore délaissée, négligée, presque inconnue des hommes d'État et des hommes d'affaires. Alors l'affaiblissement signalé de la production alimentaire en France ira s'aggravant. Le mouvement industriel ne suffira bientôt plus pour la suppléer, et la décadence se manifestera plus ou moins promptement dans toutes les branches de l'activité nationale.

Ou bien, à part les nécessités de la politique active, la question hydrologique prendra le rang supérieur dans les préoccupations du moment. Alors, partant de sa population actuelle, véritable maximum relativement à l'état hydrologique de l'époque, la France pourra s'élancer rapidement vers un avenir dont sa grandeur actuelle suffit à peine à laisser soupçonner la splendeur.

Un savant météorologiste évaluait récemment à plus de 20 millions d'âmes l'accroissement de population qui résulterait en France de l'aménagement général des eaux. Ce chiffre, évidemment, est une limite inférieure. Qui est en mesure d'estimer sûrement à quel degré final de densité, de puissance et de richesse pourra s'élever la France lorsqu'on sera parvenu à convertir en entier en produits consommables la portion utilisable d'une colonne annuelle d'eau pluviale de 60 à 75 centimètres? Pour le moment, et rapportée à sa superficie entière, la colonne actuellement utilisée par les irrigations s'élève à peine à quelques millimètres.

Il y a lieu de se hâter. La France est manifestement arrivée au maximum de population que comportait la nouvelle distribution du sol. Mais ce maximum est *instable*, étant fondé sur un système général de culture qui prend plus qu'il ne rend.

La France jouit actuellement de la plus grande somme de puissance qu'ait jamais pu comporter son agriculture. L'époque est opportune pour passer à un état supérieur. Mais il est prudent de craindre qu'en laissant l'état actuel des choses suivre seulement son cours naturel, cette puissance ne finisse par faiblir, peut-être par s'éclipser au point de ne plus pouvoir se relever.

Ce ne serait pas la première fois, dans l'histoire, qu'on aurait vu des contrées jadis florissantes entre toutes, comme l'Asie Mineure, la Grèce et tant d'autres, finalement épuisées et frappées de stérilité par l'action même de leurs nombreuses mais imprévoyantes populations.

Néanmoins, ce point de vue est en quelque sorte le côté négatif de la question. On peut différer d'avis et sur la nature et sur l'intensité du danger signalé.

Il est un point sur lequel tout le monde est d'accord. L'agriculture est la grande base de la richesse publique, on ne saurait trop en favoriser l'essor. Là est le côté vraiment positif de la question hydrologique, car, évidemment, cette question n'a de valeur directe que par rapport à l'agriculture.

Le gouvernement de l'Empereur, c'est un fait incontestable, tient en grande préoccupation le développement de la richesse agricole. l'Empereur personnellement donne lui-même l'exemple.

La question du drainage et celle plus vaste des inondations sont des cas particuliers de la question hydrologique. Elles viennent d'être abordées avec une grande vigueur.

Le drainage, en débarrassant les sols rétentifs d'un excès nuisible d'humidité, rend des services constatés par l'expérience. Mais l'étendue des terrains à drainer n'est qu'une minime fraction de l'étendue totale des terrains arrosables. D'ailleurs, l'irrigation s'applique parfaitement aux terrains drainés.

Résolue pour la défense des villes, la question des inondations reste indécise pour la défense des vallées. L'hydrologie appliquée peut seule lui donner une solution complète.

Les intérêts positifs de l'accroissement de la fortune publique et la nécessité de la défense contre les dangers tant météorologiques que résultant de l'action directe de la société sur le sol qui la nourrit, se réunissent donc pour mettre la question hydrologique à l'ordre du jour. Si les temps ne sont pas mûrs pour une exécution toute prochaine, au moins le sont-ils pour la discussion.

II

CONSIDÉRATIONS TECHNIQUES.

La question hydrologique comprend l'ensemble des travaux à exécuter pour recueillir, de la quantité de pluie particulière à chaque climat, la plus grande somme d'utilité générale qu'elle puisse produire.

Ces travaux se divisent en deux ordres principaux : le premier est celui qui a pour objet l'*approvisionnement des eaux;* le second se rapporte à leur *distribution.*

Il est nécessaire d'*approvisionner* les eaux qui tombent à des époques irrégulières pour les répartir plus ou moins uniformément en temps utile. On obtient ce résultat par des travaux de deux sortes.

La première concerne ce qu'on pourrait appeler l'*emmagasinement à ciel ouvert.* Elle comprend l'utilisation des lacs naturels, la formation des lacs artificiels; en un mot, les retenues d'eau de toute nature. La seconde, et de beaucoup la plus importante, est celle qui est fondée sur le principe de l'*emmagasinement dans les couches perméables du sol.*

Les travaux de cette dernière sorte se composent presque uniquement de rigoles d'une capacité suffisante, creusées suivant des courbes de niveau convenablement espacées, de manière à empêcher tout ou la plus grande partie de l'écoulement des eaux pluviales le long des pentes naturelles du sol.

En empêchant l'écoulement spontané des eaux, en favorisant leur complète infiltration dans le sol, on opère par le fait les vrais grands travaux d'approvisionnement, car on emmagasine dans les couches perméables du sol, véritables et immenses réservoirs naturels, les eaux qui s'écoulent ensuite régulièrement par les affleurements des couches imperméables.

Le premier effet de semblables travaux serait la reconstitution de la végétation et de la terre végétale sur les terrains dénudés. La présence de la végétation, et surtout de la grande végétation forestière, est d'abord importante pour retenir en suspension une plus grande quantité d'eau, ensuite pour empêcher son évaporation. La végétation assure ainsi et complète l'effet mécanique des courbes de niveau.

Mais le résultat capital que l'on doit surtout en attendre est la régularisation si désirable du régime des cours d'eau, en réduisant à sa plus basse limite l'écart entre le régime des crues qui produisent les inondations et celui des basses eaux, en particulier des basses eaux d'été, et par conséquent en ramenant le débit d'étiage le plus près possible du débit moyen annuel.

Cette action s'étendrait depuis les moindres ruisseaux jusqu'aux plus grands fleuves. Or les cours d'eau naturels sont, pour l'irrigation, les véritables canaux porteurs du premier ordre. C'est d'eux que doivent partir les dérivations successives portant les eaux à diverses hauteurs sur les flancs des vallées. Du maximum d'alimentation normale des cours d'eau à l'étiage dépendra toujours le maximum d'irrigation possible.

C'est dans l'établissement de ces dérivations, de leurs branchements et subdivisions, que consiste l'ensemble des travaux compris sous le nom de *travaux de distribution.*

On peut distinguer dans cet ensemble les *canaux d'amenée*, les *canaux porteurs*, enfin les *canaux de distribution* proprement dits.

L'établissement des canaux d'amenée est fondé sur l'emploi, toujours possible, d'une pente moindre que la pente naturelle du cours d'eau sur lequel on pratique la dérivation. Par ce moyen, le canal semble aller toujours en s'élevant le long de la vallée, et il peut aller ainsi jusqu'à ce qu'il rencontre en un col la ligne de faîte du contre-fort ou de la ligne de plateaux parallèle à la vallée principale.

En ce point, le canal d'amenée peut se diviser en plusieurs branches, et là commencent les *canaux porteurs.* Ceux-ci se tiennent généralement à mi-côte, en perdant le moins de pente possible pour porter l'eau également le plus loin et le plus haut que faire se peut.

Les canaux porteurs servent à alimenter, en général, périodiquement et à tour de rôle, dans des zones plus ou moins étendues, les canaux *de distribution* de divers degrés. La place de ces derniers canaux est essentiellement sur les lignes de faîte de divers ordres, commandées plus ou moins directement par les canaux porteurs. Leur ensemble représente exactement la contre-partie du fond des vallées et des plis du sol dans lesquels viennent se recueillir et s'écouler les eaux pluviales et les résidus de l'irrigation, ce qu'en termes de pratique on appelle les *colatures*.

Au-dessous de ces canaux principaux, dont l'établissement est nécessairement subordonné aux conditions topographiques locales, vient la multitude des rigoles d'arrosage, dont la position et le tracé peuvent être aussi mobiles que les besoins à desservir.

On comprend que, sur un même cours d'eau principal, plusieurs systèmes semblables peuvent être, tant de droite que de gauche, échelonnés les uns au-dessous des autres à partir de son origine. Cet échelonnement est en général une condition nécessaire de moindre dépense, car il est clair que l'eau doit généralement coûter d'autant moins cher qu'elle est conduite de moins loin.

Il suffit d'avoir jeté les yeux sur une carte hydrologique de la France pour se faire une idée de l'immense parti que l'on pourra tirer de l'admirable distribution de ses cours d'eau.

III

CONSIDÉRATIONS ÉCONOMIQUES.

Les travaux hydrologiques dont on vient d'esquisser l'ensemble ne sont pas essentiellement chers par eux-mêmes; la dépense moyenne d'un seul kilomètre de chemins de fer représente plusieurs kilomètres de canaux principaux et nombre de canaux secondaires.

Mais, pour en obtenir une action sensible sur l'ensemble du territoire de la France, il faut qu'ils en occupent déjà une portion suffisante. Cela seul suppose un développement sur une échelle relativement immense, et par conséquent des dépenses considérables.

C'est qu'aussi la question hydrologique est une bien autre affaire que la question des chemins de fer. Au début de celle ci, on n'envisageait pas sans effroi l'énormité des dépenses; cependant les chemins de fer se sont faits presque comme par enchantement.

On n'oserait affirmer qu'il en sera de même des travaux hydrologiques. Il est incontestable néanmoins que les chemins de fer ont ouvert, pratiquement et financièrement, la grande ère des vraiment grands travaux d'utilité générale. Les dépenses qui doivent se compter par milliards ne peuvent plus être considérées comme impossibles à effectuer, même dans un court espace de temps.

Le plus ou moins d'activité avec laquelle les travaux hydrologiques pourront être entrepris parait surtout dépendre de leur degré propre de productivité. Peu d'années ont suffi pour l'établissement des chemins de fer: bien que les travaux hydrologiques soient infiniment plus considérables, il peut se faire qu'ils soient achevés dans un temps proportionnellement beaucoup moins long.

Il y a, en effet, une distinction essentielle entre le mode de productivité particulier à chacun de ces deux ordres d'établissement.

Les chemins de fer accomplissent une fonction de distribution, de répartition des produits qui a pour effet de rendre plus directe la masse des transactions et des échanges, et par là de les augmenter dans une grande proportion; mais ils sont par eux-mêmes incapables d'augmenter la masse des produits. Ils tendent à distribuer autrement la population, à l'égaliser en quelque sorte sur la surface du sol, mais ils ne sauraient avoir d'action directe sur son accroissement.

Cela est si vrai que, par une coïncidence singulière, le ralentissement du mouvement de la population en France date sensiblement de la même époque que celle de leur introduction. Il serait évidemment absurde d'admettre que les chemins de fer sont destructifs de la population. On ne peut non plus établir qu'ils aient une influence sur son accroissement, car la période est déjà assez longue pour que cette influence se fut manifestée au cas où elle aurait réellement existe.

La productivité des chemins de fer est donc une fonction non réciproque de la population.

Les travaux hydrologiques, au contraire, sont directement productifs.

1,000 kilogr. d'eau employés à l'irrigation représentent moyennement 10 kilogr. de fourrages.

10 kilogr. de fourrages consommés et convertis en engrais représentent, au minimum, 1 kilogr. de blé ou son équivalent en viande et autres matières nutritives ou consommables à divers titres.

Ainsi, 1 kilogr. de blé est l'équivalent minimum d'un mètre cube d'eau de pluie convenablement recueilli, distribué et finalement converti en matières propres à l'alimentation humaine. Sur cette base, il est facile d'évaluer la quantité de population correspondante à l'utilisation d'une fraction plus ou moins grande de la moyenne colonne de pluie annuelle en France.

L'alimentation surabondante d'un individu moyen est au plus l'équivalent de 500 kilogr. de blé, représentant environ 700 kilogr. de pain, soit 2 kilogr. par jour. On peut ainsi compter un individu au moins par 500 mètres cubes d'eau de pluie approvisionnée et distribuée.

On conclut de là que chaque centimètre utilisé de la colonne de pluie qui tombe annuellement en France correspond à un accroissement de population de plus de 20 millions d'âmes.

Diverses considérations tendent à établir que l'utilisation de la pluie pourra peut-être s'élever jusqu'au cinquième de la colonne annuelle, c'est-à-dire de 12 à 15 centimètres; à 5 centimètres, l'irrigation effective correspondrait au dixième environ de la surface totale de la France, et sa population arriverait à dépasser 100 millions d'habitants.

Il est permis d'être ébloui quand on parvient ainsi de temps à autre à soulever un coin du voile qui nous cache les merveilles de l'avenir. Il n'est guère permis de douter de la possibilité d'une telle population, lorsqu'on réfléchit qu'elle correspond seulement à une population spécifique de 100 habitants environ par kilomètre carré. Or ce chiffre est loin d'atteindre celui de la *huerta* de Valence, chef-d'œuvre de l'art des irrigations dû à la domination des Arabes en Espagne, et qui est, en effet, hors les villes, le point actuellement le plus peuplé du globe.

Si l'on peut espérer d'aussi immenses résultats de travaux qui sont, en somme, les plus modestes du monde, ce ne sera pas, comme on l'a déjà fait pressentir, sans des dépenses du même ordre. Mais aussi, quelle production peut être d'un ordre supérieur à celle de la population même? Il semble donc que ces travaux peuvent coûter fort cher dans leur ensemble, et cependant être encore immensément rémunérateurs. Cela, en effet, ne paraît pas impossible à démontrer.

Il résulte tant des travaux déjà faits que des études entreprises dans cette direction, que la dépense du mètre cube annuel approvisionné, conduit et distribué, ne saurait moyennement s'élever, valeur actuelle, au capital de 2 francs.

En admettant ce chiffre comme une limite supérieure, il en résulte qu'à raison de 500 mètres cubes par individu, la création de chaque million d'âmes en sus de la population actuelle correspondra à une dépense inférieure à un milliard.

Au prix où sont les nègres, on trouvera assurément qu'il n'est pas cher d'avoir, pour 1,000 francs chacun, autant de millions d'individus libres, appartenant à la race éminemment supérieure de ce bas globe, de Français surtout; autant de millions, est-il dit, que l'on pourra utiliser de demi-millimètres de la colonne d'eau pluviale.

Quelle est la puissance productive que peut représenter chaque million d'âmes, en sus de la population actuelle?

On peut en avoir une mesure proportionnelle et assez exacte dans la part moyenne avec laquelle chaque individu contribue actuellement aux ressources de l'État, considéré comme l'ensemble des administrations gouvernementales, départementales et municipales. On sait qu'avec un budget total de 1,600 millions et les autres charges publiques qui se répartissent dans l'ensemble de la population, et à raison d'une population actuelle de 36 millions d'âmes, chaque habitant verse moyennement à l'État une somme de 50 francs par an.

Les dépenses de l'État, ce qu'on peut appeler *les frais généraux* de la société, ne sauraient croître dans le même rapport que la population en se répartissant sur un plus grand nombre de têtes; les recettes, au contraire, tendent directement à augmenter avec elle. Chaque nouveau million d'âmes doit donc représenter un accroissement général de ressources publiques d'au moins 50 millions de francs.

On sait d'ailleurs que les ressources de l'État s'augmentent spontanément chaque année d'une quantité relativement considérable, et jusqu'ici toujours croissante. Cette différentielle positive de budget est directement le résultat de l'achèvement presque complet des voies de communication de toute nature, et surtout de la politique d'ordre qui prend désormais en France des racines de plus en plus profondes.

Or, si les ressources du budget s'accroissent tandis que la population reste stationnaire, c'est donc que, seule, la masse des transactions s'augmente; à plus forte raison cette masse tendra-t-elle à augmenter avec l'accroissement direct de la population.

Il est inutile d'insister sur une chose aussi évidente que l'accroissement plus que proportionnel des ressources de l'État avec l'accroissement de la population, assuré par l'accroissement des subsistances.

Si donc il est prouvé que chaque milliard dépensé à la création d'un nouveau million d'âmes produit un revenu perpétuel d'au moins 50 millions, il est également prouvé que les travaux capables d'un tel résultat sont par eux-mêmes éminemment rémunérateurs; car, avec la possibilité de l'amortissement, la dépense disparaît et l'influence politique due à l'accroissement de la population reste tout entière.

La France, avec sa forte et puissante organisation actuelle, est la seule des nations également favorisées par le climat qui puisse être prochainement prête à entrer dans cette voie. Qui pourrait en prédire les conséquences politiques et peut-être plus qu'européennes? Ce qui est certain, c'est que presque partout ailleurs on n'en est à peine qu'à l'aurore de la liberté civile, premier élément sérieux du développement des populations.

IV.

CONSIDÉRATIONS FINANCIÈRES.

Les deux ordres suivant lesquels se divisent les travaux hydrologiques, savoir : les travaux d'approvisionnement et les travaux de distribution, déterminent aussi deux modes généraux d'exécution.

Il est passé en principe de pratique administrative que l'État ne doit, autant que possible, se charger que des travaux d'utilité purement générale et qui ne sont pas susceptibles d'un produit direct. Pour ceux qui présentent ce dernier caractère et à un degré suffisant, l'État a recours aux ressources de l'industrie privée. Le plus souvent les compagnies financières se présentent spontanément en se bornant à solliciter de la part de l'État un concours plus ou moins étendu.

Ces deux cas doivent se rencontrer simultanément dans la question hydrologique.

Les travaux d'approvisionnement ne semblent pas susceptibles de produire aucun revenu direct, du moins pour ce qui concerne le moment actuel. Ce n'est qu'après une longue période qu'on pourra commencer à recueillir directement quelques produits, d'abord de l'exploitation des bois, ensuite de la mise en culture des terrains sur lesquels l'humus aura été reconstitué. Ils doivent être considérés à l'origine comme uniquement destinés à régulariser l'écoulement des pluies, qui tend de plus en plus à se faire instantanément, et par là donner le plus d'eau possible aux sources, ruisseaux et rivières, qui resteraient à sec ou ne seraient qu'insuffisamment alimentés pendant la saison des arrosages.

Il en est autrement des travaux de distribution qui, prenant l'eau dans les divers cours d'eau en raison de la quantité disponible, la conduisent jusque sur les terres à arroser. Ici il y a revenu direct par la vente de l'eau, vente nécessaire, puisqu'en aucun cas il ne saurait y avoir de l'eau pour tout le monde absolument, et à discrétion pour qui que ce soit.

Il résulte de là que les travaux d'approvisionnement sont nécessairement du ressort de l'État, tandis que les travaux de distribution peuvent être entrepris par l'industrie privée, appuyée au besoin par de larges subventions et des garanties de bons intérêts.

La nature des travaux d'approvisionnement est telle que, sauf les expériences préalables, il sera bien difficile de les attaquer autrement qu'en grande échelle, si l'on veut tout d'abord en obtenir un effet concluant et véritablement utile.

Les ressources du budget seront alors manifestement insuffisantes, et l'État devra recourir à la voie de l'emprunt. Tel est l'intérêt démontré du premier ordre, d'entreprendre ces travaux promptement, sur la plus grande échelle matériellement possible, à ne les abandonner jamais jusqu'à leur terme, si ce n'est sous la pression d'événements de force majeure; tel est cet intérêt qu'un emprunt d'un milliard convenablement échelonné ne paraîtrait que suffisant pour introduire la question.

Cet emprunt ne gênerait pas sensiblement le budget, puisque la rente ne tarderait pas à en être couverte par le seul accroissement annuel des recettes, accroissement alors considérablement activé.

Cet emprunt voudrait être appuyé par une somme égale employée par l'industrie privée dans des travaux de distribution.

La première campagne de travaux hydrologiques ainsi organisée, et qui serait la vraie campagne expérimentale, pourrait bien être achevée en cinq ou six ans. En moins de dix années, les résultats généraux seraient déjà nettement dessinés.

Dès lors, ces travaux recevront une impulsion d'autant plus énergique, qu'étant créée une plus grande masse de nouvelles richesses, on disposera de ressources plus puissantes. Peut-être suffirait-il d'un demi-siècle à l'accomplissement de cette œuvre gigantesque.

On trouvera sans doute qu'on parle ici bien leste ment d'un emprunt d'un milliard, une grosse somme, pour assurer le début utile de la grande campagne hydrologique, qui est maintenant le complément nécessaire de l'achèvement des voies de communication.

On pourrait répondre que s'il s'agissait d'une guerre, par exemple, contre l'Angleterre ou la Russie, on considérerait assurément un milliard comme peu de chose; que, néanmoins, ce milliard serait finalement dépensé en pure perte; qu'au contraire il se multipliera lui-même dans les travaux productifs de l'hydrologie pratique, que la guerre contre la nature et les fléaux météorologiques est une guerre qui enrichit et non une guerre qui ruine, etc. Mais le lecteur suppléera facilement à cet ordre de considérations.

On doit ici se borner à rappeler le fait capital qui seul rend possibles ces grandes dépenses de la paix. Ce fait, assurément le plus remarquable de cette époque, sinon le plus remarqué, c'est *l'équilibre du budget.*

Le budget en équilibre, ce n'est rien moins que la libre disposition de toutes les forces vives de la nation au profit de toutes les grandes choses qui sont à faire. Tout emprunt qui ne détruit pas cet équilibre est manifestement praticable. A ce compte et en manœuvrant de manière à assurer l'accroissement permanent de ses recettes, la France peut successivement emprunter autant de milliards qui lui seront nécessaires pour se constituer irrésistiblement le premier empire du monde.

Il sera temps de liquider et d'amortir lorsque la France sera définitivement parvenue à l'apogée stable de sa puissance.

Cependant, bien que l'extrême simplicité des travaux hydrologiques en puisse permettre l'entreprise immédiate sur la plus grande échelle, la question hydrologique est trop nouvelle en France, elle n'est pas assez mûre pour sortir ainsi tout armée des langes de la spéculation théorique. Il faut un certain courant de l'opinion pour permettre d'aborder efficacement, dans la pratique, les questions d'une certaine grandeur.

Mais ce que, dans l'ordre des travaux qui incombent à son initiative, l'État pourrait immédiatement entreprendre, ce seraient, d'abord, quelques extinctions de torrents, quelques essais de consolidation des pentes dénudées, etc. Il suffirait pour cela de quelques millions pris sur les ressources actuelles du budget. Ces travaux pourraient être rattachés à la question des inondations, qui n'est qu'un cas particulier de la question hydrologique. Cette question serait ainsi définitivement posée dans le domaine de la pratique, et bientôt l'opinion demanderait davantage.

De la même manière et pour les travaux de distribution, il serait infiniment opportun d'éveiller et d'attirer le concours des capitaux de l'industrie privée, par l'exemple de quelques premiers placements avantageux.

Ici il devient nécessaire d'entrer dans quelques considérations plus spéciales, pour bien préciser les causes de l'état actuel des irrigations en France et déterminer les conditions de leur développement immédiat. En effet, ce développement est, jusqu'à un certain point, indépendant des grands travaux d'approvisionnement, en ce sens qu'il convient avant tout d'utiliser ce qui reste d'utilisable dans les cours d'eau tels qu'ils sont maintenant.

Il y a encore beaucoup à faire dans cette direction, et c'est par là que la question hydrologique pourra être partiellement, mais efficacement introduite. L'ouverture de quelques grands travaux d'irrigation ne contribuerait pas peu à lui faire faire des pas rapides.

V.

ÉTAT ACTUEL DES IRRIGATIONS.

Deux faits caractéristiques signalent l'état actuel des irrigations en France : le premier est l'étendue relativement minime des surfaces effectivement arrosées; le second est la résistance déjà signalée de la spéculation à s'engager dans les opérations d'arrosage.

Cet état de choses semble déceler une anomalie au premier abord difficile à comprendre.

S'il est démontré que l'irrigation est la cause la plus énergique de l'accroissement des produits agricoles, et qu'ainsi elle est par elle-même une matière excellemment riche, comment se fait-il qu'au lieu de se développer spontanément, elle reste à l'état stationnaire; qu'au lieu d'attirer les capitaux, elle les laisse plus qu'indifférents?

Sur le fait du défaut de développement, il convient de montrer que l'irrigation en grande échelle est en réalité un besoin nouveau en France.

Avant 89, lorsque la population n'était environ que les deux tiers de la population actuelle, le système en quelque sorte féodal des jachères régnait dans toute son étendue. Les jachères sont un système stable; le repos des terres compense les pertes. En outre, les jachères permettaient l'existence de nombreux troupeaux.

et les troupeaux fournissaient des engrais sur place; seulement, ce système n'est capable que d'une population limitée. L'histoire montre que la France en jachères ne peut guère comporter au delà de 25 à 26 millions d'habitants.

Ce dernier chiffre montre également à quoi se réduit l'utilité moyenne de la pluie, lorsqu'elle n'est pas aménagée par des travaux convenables. Par rapport à l'irrigation, la quantité de pluie spontanément utilisée représente à peine un centimètre et quart, un soixantième de la colonne annuelle.

Depuis 89, la population a augmenté de moitié; les jachères ont dû disparaître. On leur a substitué l'assolement, moins l'engrais des troupeaux qui ont aussi disparu. Or l'assolement, sans engrais positif, n'est qu'un palliatif, capable sans doute de répartir la détérioration du sol sur un plus grand nombre d'années, mais impuissant à conjurer son épuisement final. De là la nécessité tout à fait récente en France des irrigations en grande échelle, non-seulement pour rétablir l'équilibre entre la production et les pertes du sol, mais encore pour porter définitivement la production à son maximum.

Par contre, il est évident que le système des jachères n'avait pas besoin d'eau; la pluie du ciel et quelques prairies naturelles lui suffisaient amplement.

De même, l'eau n'était pas nécessaire à l'origine de la division du sol. Sous l'énergie du sentiment de la propriété, la terre était appelée à recevoir un travail plus considérable, travail jusqu'à un certain point régénérateur et auquel a été dû l'accroissement actuel de la population.

Il résulte de là que, jusqu'à nos jours, les entreprises un peu importantes d'irrigation ont dû être fort rares. De plus, et règle générale, toutes ces affaires ont été mauvaises, non pas, certainement, pour les propriétaires. En quelque système général de culture que ce soit, il n'est jamais indifférent d'avoir l'eau à sa disposition; aussi les quelques grands canaux d'irrigation existant en France ont-ils fait la fortune et la prospérité remarquables es contrées arrosées; mais leurs fondateurs, depuis Adam de Craponne, ont été invariablement ruinés.

La raison fondamentale en a été dans l'inopportunité relative de ces sortes de créations. La valeur de l'eau n'était pas alors créée par les circonstances; on n'en avait pas besoin dans la grande culture. Pour l'employer, il en fallait changer le système séculaire.

Ainsi, non-seulement le prix de l'eau n'a jamais pu atteindre une valeur suffisamment rémunératrice, mais en outre, aucune cause énergique ne sollicitant la transformation immédiate des cultures, la demande de l'eau, même aux prix les plus bas, n'a été que très-lente. Il en est résulté que, faute de produits suffisants, loin de faire des bénéfices, ces entreprises n'ont pu suffire à leurs frais longtemps même après leur origine, ce qui a nécessairement entraîné des liquidations désastreuses.

De tels exemples suffisent à expliquer la répugnance bien naturelle des capitaux de spéculation pour tout ce qui concerne les entreprises d'irrigation. C'est pourquoi il ne s'en fait pas.

Ainsi, l'anomalie ci-dessus signalée n'était qu'apparente, et l'état des choses est bien, en effet, ce qu'il devait être. L'irrigation ne cesse pas d'être pour l'agriculture le moyen producteur par excellence. Seulement, les meilleures choses ne peuvent se réaliser, en système général, qu'à la condition d'être opportunes, de venir à leur heure : celle des irrigations considérées comme besoin général de l'agriculture ne fait que de sonner. Il n'y a pas lieu de s'étonner que le mouvement dans ce sens soit encore si peu dessiné.

VI

MODIFICATIONS A INTRODUIRE.

Le moment étant venu de se tourner vers les irrigations, soit comme une planche de salut, soit comme un progrès du premier ordre pour l'agriculture, la première chose à faire est de vaincre l'inertie jusqu'ici justifiée de la spéculation. Cela ne se saurait faire en suivant les errements du passé. Il est nécessaire de transformer complétement la nature et les conditions des entreprises d'irrigation.

Considérées dans leur nature, ces entreprises ont été jusqu'ici purement particulières ou locales. Comme elles ne répondaient pas à un véritable besoin public, à un besoin d'État, l'État n'était que fort rarement intervenu dans leur création.

Aujourd'hui le besoin d'État est démontré. Sa nature est telle, qu'elle exige non-seulement l'intervention du gouvernement, mais encore son initiative dans toute sa puissance.

Les canaux d'irrigation doivent être désormais considérés comme étant essentiellement des monuments d'utilité publique; l'État doit en retenir non-seulement la direction supérieure, mais aussi la propriété finale.

C'est donc, comme pour les chemins de fer et les

autres grands travaux analogues d'utilité publique, par la voie des concessions à long terme qu'il convient de procéder en matière de grands canaux d'irrigation. Il faut, comme ceux-ci, qu'ils soient l'objet des placements les plus sérieux et les plus solides; il faut, enfin, toujours comme les grandes entreprises industrielles, qu'ils présentent de sérieux éléments de hausse, éléments sans lesquels l'aliment manque à la spéculation, la mobilité aux capitaux engagés.

Ce dernier point de vue est fondamental pour le succès ultérieur des irrigations en France.

Les canaux d'irrigation ne peuvent avoir qu'une seule source de produit, l'eau elle-même. Or la quantité d'eau dont un canal peut disposer est essentiellement limitée. Elle n'est pas susceptible d'accroissement. C'est donc seulement dans l'accroissement de la valeur propre de l'eau que peut se trouver l'éventualité d'accroissement de bénéfices sans laquelle il n'y a pas de hausse possible.

Jusqu'ici, sur tous les canaux existant comme entreprises particulières, l'eau a été livrée à prix fixe, à tant par hectare. Ce prix était fixé en argent. Il est connu que plusieurs canaux ont été ruinés par le seul abaissement de la valeur de l'argent. Dans plusieurs cas, un produit maigrement rémunérateur à l'origine n'a pu suffire deux ou trois cents ans plus tard à payer seulement les eygadiers.

Un tel état de choses dénotait assurément l'enfance de l'art et l'absence complète des plus simples notions industrielles. Aujourd'hui, le principe du tarif fixe en matière d'irrigation doit être complétement abandonné.

L'eau doit être livrée au volume, et sa vraie valeur déterminée par des adjudications périodiques aux plus offrants encherisseurs. En un mot, et comme le prix de toutes choses, la valeur de l'eau doit suivre le rapport de la demande à l'offre.

Ce nouveau principe introduit dans l'établissement des canaux d'irrigation une condition indispensable, au moins à titre transitoire, car c'est surtout dans les débuts qu'il convient de ne pas compromettre le succès en livrant le moins possible au hasard, et les ingénieurs chargés de l'établissement des susdits canaux feront bien d'en prendre bonne note.

Un canal d'irrigation convenablement établi doit toujours commander une surface totale trois ou quatre fois plus grande que celle qu'il peut effectivement arroser. Cette condition, qui résulte également de la nécessité d'employer sur place les produits directs de l'irrigation, est manifestement favorable à l'établissement de la concurrence entre les propriétaires du sol, et surtout pour l'irrigation des petites parcelles.

On doit remarquer, en effet, que, lorsqu'on parle ici d'irrigations en grande échelle, on l'entend exclusivement d'une grande étendue totale de terrain. La grande culture, on l'a déjà dit, ne se prête pas facilement à de grandes consommations d'eau. La petite culture, au contraire, n'en a jamais assez. On se figure difficilement à quel degré la division du sol pourra être poussée, et quel sera le nombre des propriétaires lorsqu'il suffira d'une seule parcelle arrosée pour nourrir toute une famille.

On est donc assuré que, pour tous les canaux établis sur un rapport convenable de surface arrosable et de surface effectivement arrosée, la vraie valeur industrielle de l'eau ne tardera pas à s'établir sous la concurrence des arrosants. Aussi ces canaux sont-ils les seuls qu'il sera prudent d'entreprendre, surtout au début.

Pour quiconque a bien compris les circonstances économiques qui font du développement des irrigations un besoin bientôt toujours croissant, il est assez évident que la valeur de l'eau ainsi déterminée par la concurrence sera aussi nécessairement croissante. Cause certaine de hausse, le principe de l'adjudication périodique des eaux d'arrosage sera également l'une des principales causes de la faveur avec laquelle la spéculation adoptera bientôt les affaires d'irrigation, au grand bénéfice de tout le monde.

VII

(SUITE.)

Le principe de l'adjudication ne suffit pas seul pour rendre les entreprises d'irrigation matériellement possibles; d'autres conditions non moins importantes sont également à remplir.

Il ne peut plus se faire maintenant que la propriété seule jouisse du bénéfice de l'établissement des canaux d'irrigation et que le capital, véritable instrument du bienfait produit, soit dépouillé de la part légitime que devait lui assurer la répartition équitable des avantages créés. De telles erreurs économiques ont assez nui au développement des irrigations pour qu'elles aient fait leur temps.

Sous l'empire de la réaction produite par cet état de choses, certains économistes ont admis que le capital ne serait que justement rétribué si sa rémunération correspondait à la moitié de la plus-value donnée au sol. D'autres sont allés plus loin encore : ils ont voulu que cette plus-value tout entière appartînt au capital, ce qui alors ne saurait pratiquement s'entendre que des propriétaires s'arrosant eux-mêmes.

Mais, en réalité, la question de la rémunération des capitaux employés à l'irrigation n'a rien à faire avec celle de la plus-value donnée au sol. Ce que les capitaux de spéculation recherchent et prisent avant tout, c'est un intérêt industriel solidement assuré; ce sont des chances palpables d'accroissement de bénéfices; et l'exemple des chemins de fer prouve que leur ambition ne s'élève pas au delà de 7 à 8 p. 100. Donc, que l'on assure sur les canaux d'irrigation un placement de même ordre, et la spéculation ne leur fera pas plus défaut qu'aux chemins de fer.

C'est ici qu'intervient d'abord la question des subventions, puis celle des garanties d'intérêt.

Quant aux subventions, on doit rappeler qu'indépendamment de leurs produits particuliers, résultant de la vente de l'eau, les opérations d'irrigation sont éminemment productives pour l'État. Il trouverait son profit direct à les exécuter lui-même; s'il ne le fait pas, c'est qu'il sera bien assez chargé par les grands travaux d'approvisionnement, et que c'est une condition énergique d'accélération de répartir tant les dépenses que l'exécution sur des ordres différents de facultés, c'est-à-dire que, suivant les cas, l'État pourra être très-large en matière de subvention, car, si peu qu'il obtienne de l'industrie privée, c'est autant de moins qu'il aura à dépenser en conservant toujours la même somme d'avantages.

En un mot, telle affaire d'irrigation ne pourrait être entreprise industriellement dans ses conditions propres, et il faut s'attendre que ce sera le cas général, qui devient immédiatement possible avec le concours suffisant de l'État. L'obtention de ce concours ne sera jamais qu'une affaire d'ordre et de temps, puisque l'État reste toujours souverainement intéressé à l'exécution. L'État, et il a bien fait, puisque cela lui profite, a souvent donné aux compagnies de chemins de fer non-seulement les terrains, mais encore les terrassements et les ouvrages d'art; il peut, de la même manière, donner aux compagnies d'irrigation les canaux d'amenée et les canaux porteurs, ou leur équivalent en subvention, leur réservant l'établissement des canaux de distribution qui, jusqu'à un certain point, représentent la voie et le matériel dans les chemins de fer.

Ceci n'est qu'une analogie. La quotité des subventions dans chaque affaire peut, en effet, être réglée par des principes particuliers à la matière.

En admettant, comme dans les chemins de fer, une limite de 8 p. 100 nets, il faut pouvoir compter sur un revenu brut d'au moins 12 et demi p. 100; du moins jusqu'à ce que l'experience ait prononcé sur les frais généraux et particuliers des entreprises d'irrigation, il conviendra de se tenir plutôt au-dessus qu'au-dessous de ce chiffre.

Pour que le capital employé à l'établissement d'un canal d'irrigation produise un revenu brut donné, il est nécessaire que la mise à prix de l'eau ne dépasse pas une certaine limite au delà de laquelle les propriétaires du sol n'auraient pas actuellement avantage évident à l'employer.

Cette limite est naturellement fixée par le prix moyen des irrigations mécaniques qui se pratiquent dans les contrées où on peut avoir de l'eau, mais plus ou moins en contre-bas de la surface du sol. On a calculé que l'irrigation mécanique des prairies naturelles ou artificielles cessait d'être avantageuse lorsque l'eau dépassait le prix de 10 centimes par mètre cube; pour les cultures potagères et maraîchères, cette dépense est, en général, considérablement plus élevée, et il convient de tenir grand compte de cet élément; car, ainsi qu'on l'a dit plus haut, si la petite culture consomme beaucoup d'eau, c'est surtout par la nécessité de s'approvisionner de plantes potagères, élément important dans l'alimentation générale.

Néanmoins, la prudence interdit d'aborder immédiatement les hauts prix de l'irrigation mécanique, même dans les contrées actuellement privées d'eau d'une manière absolue; aussi convient-il de considérer le chiffre de 5 centimes par mètre cube comme une limite tout à fait supérieure pour la mise à prix des eaux d'arrosage, du moins jusqu'à ce que l'expérience en ait autrement décidé.

Le revenu brut total d'un canal donné étant ainsi calculé sur le prix maximum de 5 centimes le mètre cube utile, si ce revenu brut n'atteint pas 12 et demi p. 100 du capital à dépenser pour son établissement, il sera nécessaire que l'État fournisse une subvention égale à la différence entre le capital d'établissement et le capital calculé sur le revenu brut probable, le seul que l'industrie privée puisse utilement fournir.

On sent bien qu'il doit aussi y avoir une limite à la quotité des subventions, par rapport au montant total du capital d'établissement. Les affaires le plus directement utiles seront certainement celles qui coûteront le moins cher, et par lesquelles alors il conviendra de commencer. Si donc on fixe la proportion des subventions pour les affaires qu'on considérerait comme immédiatement réalisables, par exemple, au maximum de moitié du capital d'établissement, les affaires qui exigeraient plus devraient être considérées comme impraticables pour le moment; il faudrait attendre celui où la valeur propre de l'eau se serait assez accrue pour les rendre possibles.

Mais, en calculant le revenu brut sur le placement total des eaux d'un canal, il faut attendre, pour que ce revenu se produise, que la totalité des eaux soit effectivement placée.

Or l'expérience acquise prouve que, même en présence d'un besoin pressant et d'avantages évidents, la transformation des cultures et l'appropriation définitive du sol exigent pour des surfaces un peu étendues un temps qui peut être relativement considérable.

Pour résoudre cette difficulté, il n'y a que deux moyens : augmenter le capital pour faire face au service des frais généraux et intérêts pendant la période de transformation, ou donner une équivalente garantie d'intérêt minimum.

Le premier moyen est impraticable, principalement à cause de l'inconnu qui pèse sur la question et qui rend impossible, dans la généralité des cas, la détermination, même approchée, de l'excédant nécessaire de capital. Reste la garantie d'intérêt; et ici, de même que l'État n'a pas à marchander la quotité des subventions, de même, et par les mêmes raisons, il n'a pas à lesiner sur l'importance de la garantie.

Pour les affaires du début, cette garantie devrait être d'au moins 5 p. 100, sauf à baisser ensuite, lorsque les capitaux seraient définitivement entraînés vers les opérations d'irrigation désormais reconnues sûres et certaines.

Mais, en donnant de convenables garanties d'intérêt dans cette matière, l'État ne peut pas entendre faire simplement passer l'argent du Trésor dans les caisses des compagnies d'irrigation sous forme de service d'intérêt. Ce qui lui importe avant tout, c'est que l'irrigation se développe, et par conséquent que, dès l'origine, la plus grande partie de l'eau soit effectivement employée.

C'est donc surtout de l'emploi immédiat de la plus grande quantité d'eau possible que la garantie doit principalement s'entendre.

A cet effet, les enquêtes administratives font connaître, dans chaque contrée qu'on se propose de rendre arrosable, les quantités d'eau dont le placement serait immédiatement assuré suivant la mise à prix normale qui a servi de base au projet.

Pour déterminer de prime abord une demande assez considérable, on a soin de faire un avantage aux premiers souscripteurs. Cet avantage consisterait, par exemple, dans la livraison gratuite de l'eau pendant une ou deux années, suivant la durée du bail consenti.

Plusieurs considérations assez importantes viennent à l'appui de cette manière de procéder. L'emploi de l'eau exige une certaine préparation du sol : de nombreuses petites rigoles, un petit matériel spécial, qui exigent quelques dépenses et avances; il faut quelque temps pour acquérir l'expérience de l'irrigation et s'en servir de la manière la plus utile; enfin, il faut former les employés du service pour que l'exploitation arrive à marcher régulièrement. Une ou deux campagnes d'irrigation gratuite ne paraissent que suffisantes pour obtenir ces résultats, et l'avantage particulier qu'on en retirerait serait d'assurer d'une manière définitive l'irrigation ultérieure.

Si, malgré les avantages offerts aux premiers souscripteurs; si, malgré l'impulsion donnée par l'ouverture successive des diverses sections, l'entreprise, parvenue au terme fixé pour son exploitation régulière, ne produit pas encore le revenu minimum déterminé au cahier des charges, l'État devra appliquer la garantie stipulée pour le minimum d'intérêt en parfaisant la différence.

C'est avec des mesures de cet ordre qu'on parviendra à franchir le plus rapidement possible la période la plus critique pour les compagnies d'irrigation, celle du premier développement jusqu'à une échelle suffisante. Quant au succès final, il est matériellement impossible d'en douter.

VIII

RÉSUMÉ SUR LES CANAUX D'IRRIGATION.

On voit, par les considérations qui précèdent, que la question de l'établissement des canaux d'irrigation est loin d'être exempte de difficultés. S'il n'en avait pas été ainsi, il est probable qu'elle serait plus avancée. Aussi la prudence commanderait-elle de ne pas s'engager témérairement dans ce nouveau genre d'entreprise, si une telle recommandation pouvait être nécessaire dans un moment où l'on y songe encore si peu.

Ce qui est le plus urgent en ce moment, c'est donc d'établir des précédents. L'expérience jusqu'ici acquise suffit bien pour constater les défauts inhérents à leur ancien mode d'organisation. L'expérience sera encore nécessaire pour déterminer les éléments positifs de leur organisation définitive.

Les conditions particulières qui sont développées dans cette note peuvent ne pas être les seules ni peut-être les meilleures qu'on sera ultérieurement conduit à appliquer. Telles qu'elles sont néanmoins, ces conditions forment un ensemble pratique déjà en grande partie sanctionné par l'expérience; il se résume dans les points suivants :

Concessions temporaires à long terme;

Subventions proportionnelles;

Garantie d'un *minimum* d'intérêt;

Partage avec l'État au-dessus de 8 pour 100.

Toutes ces conditions sont communes avec les chemins de fer. Seule, la vente de l'eau par adjudication périodique forme un principe spécialement applicable aux canaux d'irrigation. Il semble qu'on n'en peut espérer que de bons résultats.

Du reste, il est assez évident qu'en pareille matière les systèmes différents ne peuvent être nombreux. Il suffira donc, dans tous les cas, d'un petit nombre de canaux, considérés comme canaux d'expérience, pour qu'on soit bientôt fixé sur les meilleures conditions de leur organisation.

CONCLUSION.

Au moment où l'on écrit ces lignes, le *Moniteur* publie le revenu des impôts indirects pour les neuf premiers mois de 1858. Le produit total a été, en nombre rond, de 812 millions. En 1857, il avait donné 781 millions. En 1856, il ne s'élevait pas au delà de 754.

La différence en plus, pour 1858, est donc de 31 millions sur 1857, et de 58 sur 1856. Cet excédant de 31 millions, remarque le journal officiel, serait de 43 millions si l'on tenait compte du double décime qui a cessé d'être perçu en 1858 sur les droits d'enregistrement, et il dépasse de 63 millions, pour les neuf mois écoulés, les prévisions du budget de 1858.

Rapporté à l'année entiere, l'excédant sera d'environ 42 millions. Celui de l'année dernière était de 36 millions. La différence seconde est donc de 6 millions; ce qui permet d'augurer que l'année prochaine l'excédant sera de 48 millions.

Quelles que soient les causes de cet accroissement annuel des ressources du budget, surtout avec la stabilité de l'ordre politique, il est nécessairement soumis à la loi de continuité. Il ne saurait éprouver de variation brusque, et, puisque la phase est actuellement croissante, il y a probabilité qu'elle le peut rester longtemps encore.

Cet état de choses, il faut nécessairement le reconnaître, constitue la situation la plus florissante, la plus magnifique qui ait jamais été vue en France.

Lorsque la marche ascendante des seuls revenus indirects arrive à représenter un capital d'un milliard annuellement acquis à l'État, en représentera peut-être deux dans moins de dix ans, il faut reconnaître, et de vive force, que désormais l'État peut tout ce qu'il voudra entreprendre.

La question hydrologique a beau être immense, ne dût-elle que rendre simplement permanente l'ascension actuelle des revenus publics, la progression est à ce point rapide, qu'en trente ans elle peut représenter un capital énorme.

Ainsi l'État peut tout; rien n'est au-dessus de son pouvoir. De son côté, l'industrie privée n'est pas moins puissante.

Les épargnes particulières qui forment le grand capital de la spéculation se somment annuellement par centaines de millions. Il résulte de la nature même des choses que l'épargne est annuellement croissante et dans un rapport constant avec l'accroissement des ressources de l'État. L'un suppose nécessairement l'autre; les ressources de l'industrie privée sont donc, comme les ressources de l'État, d'autant plus inépuisables, qu'elles reposent sur une plus grande somme de richesses créées.

A ces ressources il faut un emploi utile. On observe, non sans étonnement, qu'après l'achèvement des grandes lignes de chemins de fer, les capitaux disponibles ont une tendance à se porter à l'étranger, comme s'il n'y avait pas assez à faire en France.

On peut, sans être partisan d'aucune muraille de la Chine, trouver bon que le gouvernement s'oppose à cette tendance, mais à la condition d'ouvrir en France même des débouchés plus avantageux aux capitaux qu'ils ne sauraient en trouver à l'étranger. On dit plus: ce sont les capitaux étrangers eux-mêmes qu'il faut s'efforcer d'attirer par l'appât d'un meilleur placement.

La France est désormais assez riche, non plus seulement pour payer sa gloire, mais pour payer au besoin l'argent plus cher que quelle que ce soit des autres nations modernes.

Cette proposition, cela est évident, ne doit s'entendre que de son application aux travaux hydrologiques, les seuls assez puissamment riches en utilité publique pour se plier aux plus larges concessions. Elle se motive d'ailleurs directement par le puissant intérêt qui ressort pour l'État d'accumuler au plus tôt sur ces travaux la plus grande somme possible d'énergie et d'activité.

Les travaux hydrologiques restent donc la grande œuvre vers laquelle il convient de diriger exclusivement toutes les dérivations du crédit public et privé. Assez de chemins de fer comme cela. Un peu plus de produits et de voyageurs à transporter ne seront pas de reste pour songer utilement à compléter les dernières ramifications du réseau national.

Si la nécessité et l'urgence des travaux hydrologiques sont surabondamment démontrées pour quiconque tient à cœur la grandeur et la prospérité de la patrie, la suprématie souveraine de la France, la nécessité d'une direction supérieure dans l'exécution n'est pas moins évidente. Ces travaux veulent un ordre, un concert préalables pour en obtenir de suite la plus grande utilité.

De plus, le budget des travaux hydrologiques ne tardera pas à prendre des proportions considérables. Or, dans notre organisation administrative, quand une branche du budget arrive à prendre une importance prépondérante, elle veut être isolée de tout autre service, et un ministre seul est un fonctionnaire d'un ordre assez élevé pour en répondre directement au chef de l'État.

La nécessité d'un nouveau ministère se fera bientôt sentir. A ne considérer que sa nature spéciale, ce ministère aurait un nom tout fait. Ce serait le ministère des eaux et forêts ; mais à le considérer dans les résultats qu'il doit produire et dans la branche de l'industrie française à laquelle il s'applique directement, ce ministère n'a qu'un nom possible : c'est le ministère de l'agriculture.

Il y a longtemps, bien longtemps, que l'agriculture attend son vrai ministère, c'est-à-dire son vrai budget. Aucune mesure politique n'aura de portée plus profonde que la satisfaction de ce besoin. La population entière des campagnes l'attend respectueusement de l'Empereur, et se confie à lui en reconnaissant qu'il est seul juge de son opportunité.

Dans tous les cas, la création de ce ministère unique de l'agriculture devra précéder d'assez longtemps la véritable installation en grande échelle des travaux hydrologiques : car il y a préalablement à traverser toute une période d'études et de travaux préparatoires dans lesquels tout, ou presque tout, est à faire : c'est dire que cette création est urgente.

Tels sont les principes et les mesures au moyen desquels on peut nourrir l'espérance d'entrer bientôt au cœur même de la question hydrologique.

Si l'on s'est ici efforcé d'en faire ressortir l'importance souverainement politique, sans pourtant prétendre y avoir réussi aussi bien qu'on en aurait eu le désir, on reconnaîtra qu'on s'est en même temps borné à recommander les débuts les plus modestes : quelques extinctions de torrents, quelques reboisements partiels, quelques canaux d'irrigation considérés comme canaux d'expérience; on a pensé qu'il n'en fallait pas davantage pour préluder à la question.

Parvenu au terme des considérations directes, on ne saurait néanmoins terminer cette note sans faire encore quelques réflexions qui touchent également de près à son sujet.

Il n'y a pas bien longtemps que des études du genre de celle dont on vient de traiter n'eussent eu que bien peu de chance d'occuper sérieusement l'attention publique. Cette attention était alors captivée en entier par le spectacle émouvant, mais stérile, des luttes politiques qui absorbaient la tribune et la presse. Trop souvent ces luttes, engagées sous le drapeau du bien public, n'ont été que le combat acharné d'ambitions et de rivalités personnelles. Dans tous les cas, la révolution de 48 a montré tout à fait à nu quel en était le vide, le vide absolu.

Aujourd'hui, la presse et la tribune sont enfin débarrassées de tant de questions irritantes et vaines; la prépondérance est acquise aux études vraiment sérieuses et utiles. Ce résultat n'a pas été sans coûter, mais il est certain que, sous l'action d'une politique à la fois aussi loyale que ferme et modérée, des effets, imprévus pour beaucoup, se sont rapidement produits. On note que le niveau général de l'opinion publique s'est considérablement élevé à mesure que le calme et la modération se sont rétablis dans les esprits.

Ceci est pour l'élaboration des idées et la discussion utile des intérêts publics.

Quant à la réalisation des grandes conceptions d'utilité publique, la situation est encore bien autrement avantageuse. On peut en juger par tout ce qui se fait maintenant de grandiose en France. Qui ne se rappelle les luttes interminables auxquelles a donné lieu la question des chemins de fer, remise trois ou quatre fois sur le tapis, pendant qu'en Angleterre et en Belgique on agissait sans tant parler? A ce compte, une question de l'ordre de la question hydrologique aurait pu avoir jusqu'à vingt ministères tués sous elle sans qu'un champ fût arrosé, ni un genêt planté sur une courbe de niveau.

Il faut donc reconnaître que, depuis le rétablissement de l'ordre, un succès incontestable, tant à l'intérieur qu'à l'extérieur, a justifié la pensée politique qui préside actuellement aux destinées de la France.

De très-grands résultats ont été acquis, de très-grandes choses ont été faites; c'est pourquoi l'on s'empresse de saisir cette occasion pour offrir à l'Empereur un humble tribut d'admiration profonde.

Maintenant, après avoir sauvé la France, il lui reste à créer une France nouvelle, une France sans inondations, une France sans déserts stériles, une France immensément peuplée. A cette France nouvelle la dynastie nouvelle aura indissolublement attaché sa fortune, et l'histoire reconnaîtra à jamais, dans le neveu du grand homme, le vrai Napoléon créateur.

NOTES ET DOCUMENTS.

NOTES ET DOCUMENTS.

Le nombre des documents épars qui se rapportent à la question hydrologique est trop considérable pour qu'on ait pu songer à les condenser dans une simple note. Cela pourra être, suivant les cas, l'objet d'un travail ultérieur.

Pour le moment, on est obligé de se borner à reproduire, à titre de documents généraux : 1° la partie du discours de M. Troplong qui a suggéré l'idée de la présente note ; 2° quelques fragments du discours prononcé par M. Babinet (de l'Institut), dans la séance annuelle des cinq académies, le 14 août 1858.

Le discours de M. Troplong touche à la question hydrologique par la question de la population. On reverra mieux, en relisant la partie de ce discours qui s'y rapporte, comment l'auteur l'envisage. S'il est vrai de dire qu'elle ne touche pas à l'explication fondamentale du phénomène de la dépopulation des campagnes, elle tend à rassurer, peut-être trop, sur les conséquences de ce phénomène. On y remarquera des considérations fort justes sur l'influence du Code Napoléon à cet égard. Il est certain que tant qu'il subsistera le paysan restera sur la brèche ; mais cela seul ne saurait empêcher la détérioration du sol, accusée par d'autres phénomenes. M. Troplong défend enfin la division du sol contre les craintes soulevées par un morcellement qui pourrait devenir excessif. On peut ajouter à ce qu'il dit de parfaitement exact à ce sujet qu'il y a une limite naturelle au morcellement dans le degré propre de productivité du sol.

Si la productivité moyenne diminue, on verra renaitre une tendance à la reconstitution de la grande propriété; si, au contraire, elle augmente, la division du sol ira en augmentant proportionnellement. Or c'est ce dernier résultat qui est particulièrement désirable, parce qu'en augmentant le nombre des propriétaires on augmente les éléments fondamentaux de l'ordre et de la stabilité politique. C'est donc aussi par ce résultat tout à fait prépondérant que la question hydrologique se recommande à l'attention des hommes d'État.

Quant au discours de M. Babinet, il entre de plein saut au cœur même de la question. Cet illustre académicien rend chaque jour les plus utiles et les plus honorables services en vulgarisant, sous une forme attrayante et parfaitement accessible aux gens du monde, les questions souvent les plus ardues et les plus délicates de la science moderne. Le discours qu'il a prononcé cette année à la séance annuelle des cinq académies restera comme un de ses meilleurs titres à la reconnaissance publique. Sentinelle avancée de la science, il voit de loin à la fois et le danger et les remèdes. Son intuition va droit aux grands résultats qu'on doit attendre des travaux hydrologiques. Lorsque des questions arrivent à se poser avec un tel degré de netteté et de précision en présence des représentants les plus éminents de la science française, il faut augurer que le moment est proche où, du domaine de la spéculation rationnelle, ces questions doivent passer dans le domaine des faits.

Voici ces deux documents :

FRAGMENT DU DISCOURS

PRONONCÉ PAR M. TROPLONG AU COMICE AGRICOLE DE CORMEILLES (EURE).

« MESSIEURS,

» Depuis que l'attention des hommes prévoyants s'est portée d'une manière plus spéciale vers l'agriculture, les comices se sont multipliés; le gouvernement, les conseils généraux et les villes ont favorisé à l'envi leur établissement, afin d'encourager les bonnes pratiques agricoles et d'exciter parmi les producteurs une heureuse et féconde émulation. Félicitons-nous, Messieurs, de nous être associés de bonne heure à ce mouvement. Quelque florissante que soit l'agriculture dans cette contrée, si belle par les dons de la nature, si opulente par le travail de l'homme, il y a cependant des richesses à ajouter à ces richesses, et le progrès, qui entraîne tout, ne saurait laisser en arrière la plus ancienne, la plus essentielle et la plus durable de nos industries. Depuis un demi siècle, la propriété mobilière a pris de vastes proportions! le crédit a marché à pas de géant. La propriété rurale ne peut soutenir un essor parallèle que si l'agriculture, son auxiliaire inséparable, poursuit avec courage la carrière des améliorations. Pendant longtemps, la propriété foncière a pu se croire à l'abri de la décadence derrière sa solidité. Aujourd'hui, ce mérite ne lui suffit plus, et il faut qu'elle apporte à la masse commune son contingent de perfectionnements.

» Mais s'il est bon de s'encourager, il serait injuste de se plaindre. Malgré la lenteur, les routines et les obstacles qui sont dans les choses de ce monde, le progrès est sensible, il est incontestable. Pour ne pas sortir de nos localités, vous vous rappelez qu'il y a à peine quinze ans elles n'étaient abordables que pour les pesantes charrettes et les personnes à cheval. Comme dans la première enfance des sociétés, il y avait des ornières profondes, creusées de siècle en siècle dans des défilés étroits ; il n'y avait pas de routes, et rien n'était plus difficile et plus dispendieux que d'exporter les céréales, les lins, les cidres, etc., etc.

» Aujourd'hui, Messieurs, quelle métamorphose ! Un réseau à peu près complet de chemins départementaux et vicinaux parfaitement entretenus relie cette contrée à la mer et au chemin de fer de l'Ouest ; il y fait circuler la vie en favorisant les échanges, en accélérant les transports, en attirant sur les marchés plus d'acheteurs étrangers et des approvisionnements plus abondants et plus variés ! En même temps Honfleur et le Havre, devenus d'accessibles voisins, vous font profiter de l'activité de leur commerce, et l'Angleterre, tributaire de votre superflu, vient tous les jours vous demander vos menues denrées, telles qu'œufs et fruits, qui jadis trouvaient à peine sur les lieux un faible débit. Voilà des résultats aussi excellents que rapides. Il en est un autre qui, sous un gouvernement réparateur et stable, en est le corollaire : c'est que la production s'est accrue en proportion de la facilité des exportations et des transports ; car la fertilité d'une terre et le labeur que l'homme y ajoute sont un capital qui n'est placé à bon intérêt que lorsqu'il a pour garantie des débouchés commodes. Donnez à l'agriculture des débouchés, elle vous donnera des trésors.

» Cependant, au milieu de cette prospérité croissante, il est un phénomène digne d'attention. Depuis près d'un demi-siècle, nos communes rurales ont perdu quelque chose de leur population. Chaque recensement a constaté des déficits et des émigrations qui, peu sensibles d'abord, ont abouti au bout d'une période prolongée à un total qui n'est pas sans importance. Ce fait, qui s'est produit dans d'autres départements, a donné lieu à des suppositions affligeantes et à des comparaisons étranges. On a semblé craindre pour l'alimentation de la France, pour le recrutement de ses armées, pour le maintien de sa grandeur. On nous a même prédit le sort du Bas-Empire, épuisé par la désertion des campagnes, avant de s'écrouler sous l'invasion des barbares. Nous ne voyons pourtant pas, Messieurs, ce que le Bas-Empire peut avoir à faire avec notre civilisation moderne, si ce n'est qu'il y avait des sophistes à Byzance, et qu'il serait possible que la race n'en fût pas entièrement éteinte.

» Au fond, tout ceci ne saurait être, au moins pour la région où nous sommes, un sujet d'épouvante. Je ne voudrais parler que de ce que je connais, et je n'ai pas la prétention d'infirmer des jugements qui reposent sur des faits non vérifiés par moi. Mais si je dois juger du reste par ce que nous avons sous les yeux, nous pouvons faire taire de vaines alarmes.

» Sans doute, la campagne a vu s'éloigner des campagnards qui ne l'aimaient guère, et qui ont bien fait, pour les services qu'ils lui rendaient, d'obéir à leur vocation; nous ne sommes pas un pays de liberté civile sans égale, pour rester immobilisés dans des castes invariables de paysans et de citadins. La campagne a aussi perdu des bras pour qui la charrue était une fatigue, et qu'on ne saurait blâmer d'avoir quitté un travail qu'ils faisaient mal pour un travail auquel ils sont plus propres. Enfin, elle a été déchargée du fardeau d'éléments inutiles ou dangereux qui, à leurs risques et périls, sont allés cacher dans les villes leur misère, leur paresse et leurs vices. Franchement, Messieurs, sont-ce là des défections dont il faille se désoler? En revanche, la campagne a gardé tous ceux de ses enfants que captive le puissant attrait de la terre, tous ceux qui sont attachés au sol par le lien de la petite propriété et qui ont voué à leur sillon leur temps, leur sueur, leur économie; toutes ces volontés tenaces, pour qui la possession d'un champ est une passion; tous ces ouvriers robustes que retiennent le berceau natal et l'habitude d'une vie simple. Voilà les solides et fidèles soutiens de nos campagnes! Avec cette armée puissante par le courage et toujours immense par le nombre, quoi qu'on dise ou qu'on craigne, notre agriculture peut défier les sinistres prédictions et compter sur un brillant avenir.

» Maintenant, savez-vous, Messieurs, quel est le mobile de cette prédilection et de cette ardeur des gens de la campagne pour la terre ? C'est la division de la propriété telle que l'a faite le Code Napoléon; c'est la possibilité ouverte aux plus humbles d'en acquérir les parcelles avec les fruits du travail et de l'épargne. Otez, s'il est possible, le Code Napoléon, créez au paysan des obstacles à ce qu'il puisse s'implanter par l'acquisition sur cette terre avec laquelle il a fait pacte, et c'est alors que la campagne perdra pour lui son prestige; c'est alors que, dégoûté de son sort, il ira tenter dans les villes la fortune qu'il demandait à sa terre d'affection, et que cette marâtre sans entrailles lui refuse; c'est alors que les prophètes de malheur triompheront et que la situation des campagnes sera lamentable.

» On médit cependant quelquefois de cette division de la propriété; on affecte de craindre qu'entraînée par un mouvement perpétuel de fractionnement, elle n'aboutisse fatalement au grain de sable et à l'atome. Mais on ne fait pas attention qu'à côté de l'action qui divise, il y a la réaction qui reconstitue et que l'héritage partagé par la succession se reforme par le travail, l'économie et les mariages. Pour se convaincre de cette vérité, on n'a qu'à consulter l'état des cotes foncières.

» Bénissons donc, au lieu de la blâmer, notre loi civile, qui nous fait une classe rurale et qui l'enracine dans le sol par les douces attaches de la propriété. J'avoue qu'il y a aujourd'hui moins de grands domaines qu'autrefois; mais il y a un bien plus grand nombre de propriétaires, et ce sont surtout les petits propriétaires qu'on trouve inébranlables au jour des révolutions pour s'opposer à l'anarchie.

» J'avoue aussi qu'il y a dans nos campagnes un peu moins de population qu'autrefois; mais en revanche il y a beaucoup plus d'aisance et de bien-être. Aimerait-on mieux par hasard, comme il y a quelque temps en Irlande, un excès de population avec l'excès de la misère? Enfin, je ne nie pas que l'ouvrage n'attende souvent le charpentier, le maçon, le couvreur, le menuisier, etc. Est-ce parce que ces artisans auraient quitté le pays? Non! ils sont plus nombreux qu'il y a vingt ans. Mais l'ouvrage a quintuplé par le désir de chacun d'augmenter ses jouissances, et ce que l'on appelle pénurie est au contraire la preuve de la concurrence des demandes et d'un goût plus prononcé pour les commodités de la vie.

» Au reste, Messieurs, nous vivons sous un gouvernement qui ne laissera fléchir aucun des principes sur lesquels reposent le progrès de la classe rurale et le succès de ses travaux. Tout dans ses actes porte le signe de son affection : des institutions de crédit ont mis les capitaux au service des améliorations agricoles ; un Code rural est à l'étude ; des encouragements sont partout offerts, et l'Empereur lui-même, activant cette direction, crée des fermes modèles, défriche des terres incultes, plante des déserts de sable, introduit des perfectionnements dans les races d'animaux, et tente des expériences et des essais dont la culture recueille des fruits heureux.

» En même temps nos communes rurales, participant à l'impulsion donnée à l'embellissement des villes, reçoivent d'abondants secours pour la réédification ou la réparation de leurs mairies, de leurs églises, de leurs presbytères, de leurs écoles et pour leurs voies vicinales ; de sorte que, par un heureux effet de la centralisation, qui, pareille à l'action du cœur, porte la vie du centre aux extrémités, le mouvement créateur qui anime la capitale se communique aux départements, et dans les départements à la classe agricole, qui est le grand noyau de la France, de même que l'agriculture est la grande base de la richesse publique.

» . . . .
. . . . »

FRAGMENTS DU DISCOURS

PRONONCÉ PAR M. BABINET (DE L'INSTITUT), A LA SÉANCE ANNUELLE DES CINQ ACADÉMIES, LE 14 AOUT 1858 : SUR LA SÉCHERESSE, LES IRRIGATIONS ET LES REBOISEMENTS.

« Messieurs,

» En prenant la parole au nom de la météorologie, je ne me dissimule pas que le nom de cette science est encore bien peu connu même du public d'élite qui désormais, cessant d'être indifférent aux progrès de la société, est appelé lui-même à y contribuer puissamment par l'influence morale de ses encouragements et de son appréciation favorable. . . . .

. . . .

» On n'a point encore classé parmi les sciences la météorologie, qui emprunte à la géographie, à la physique, à l'astronomie, à la mécanique, à l'optique, les notions et les principes qu'elle applique aux phénomènes de la nature. Il suffit de dire que la météorologie a pour objet la connaissance des climats du monde entier, de son arrosement et de son échauffement fertilisateurs, des vents et des courants qui voyagent dans les champs de l'air et dans les plaines océaniques, enfin qu'elle préside à la distribution des races animales et végétales sur le globe entier, et par suite à la prospérité et à la décadence des populations humaines qu'alimente la fécondité du sol et qui disparaissent avec son épuisement. La météorologie et l'agriculture, c'est la cause et l'effet.

. . . .

» Tant que les saisons et leurs produits ordinaires n'offrent pas de trop grandes perturbations, le public distrait, et surtout le public des villes, ne prend pas un grand intérêt à l'effet trop habituel des météores. Les moissons naissent et mûrissent, les bestiaux se propagent, les fleurs et les fruits se succèdent, l'hiver et la neige approvisionnent d'eau les reservoirs des sources et les infiltrations souterraines des ruisseaux et des rivières. L'homme semble n'avoir qu'à recueillir les bienfaits de la nature, qui lui appartiennent de droit. Il ne songe pas même à en être reconnaissant.

» Mais si la marche générale des courants atmosphériques vient tout à coup à changer et produit, comme en 1856, de terribles inondations, si l'écoulement régulier de l'air de la France, sans aucun de ces arrets et de ces soulevements qui produisent la pluie, fait prévoir et realise pour 1858 une sécheresse qui, sitôt après un hiver sans neiges, etait une triste certitude, alors les populations sortent de leur apathie. Elles sentent qu'il y a quelque chose, sinon à empêcher, du moins à prévoir, et que si la météorologie n'est pas une science faite, il faut se hâter d'y porter toute l'activité de l'esprit humain.

. . . .

» On me dira : Puis que la science est impuissante à remédier aux sinistres météorologiques, qu'elle peut tout au plus prévoir, que réclame-t-elle, par exemple, dans la circonstance présente ou une sécheresse désolante reduit les bestiaux à une véritable famine et sur plusieurs points de la France entrave les travaux de culture de la terre en ne profitant qu'aux vignobles seuls?

» La réponse est simple et facile. Ce sont les travaux imprudents des hommes qui peu à peu, de siecle en siècle, ont établi le régime méteorologique actuel; c'est a d'autres travaux persévérants, aides par la science comme par le temps et avec la puissance moderne des machines, de l'industrie privee et du credit public, c'est a ces travaux indispensables qu'il faut demander de reproduire ce qui a eté detruit et de surpasser même la nature primitive, en faisant de ces eaux, qui sont presentement ou destructives ou improductives, des auxiliaires puissants pour le rappel du sol deterioré à la fertilite par l'irrigation.

» J'ai sous les yeux le tableau des desastres que des défrichements malheureux ont produits dans un grand nombre de parties de la France. Le sol, prive de consistance par sa denudation, provenant de la coupe des bois et des arbrisseaux, et par l'effet de la bêche et de la charrue, s'est trouvé en proie au délayement et à l'entraînement des pluies, et surtout des pluies abondantes et subites qui ont lieu dans les vallées hautes à pentes abruptes. Les ravins qui se sont formés, et qui en quelques localités ont pris les proportions d'immenses précipices, sont devenus le lit momentané des torrents ravageurs qui, avec la terre végétale superficielle, ont rongé l'escarpement et entraîné des avalanches de pierres, de rochers, de cailloux et de détritus infertiles qui ont recouvert le sol cultivable de la vallée et peu à peu dépeuplé des contrées entières formant la lisière des montagnes, tandis que, dans un âge antérieur au déboisement, des villages florissants existaient là où l'on ne trouve aujourd'hui que quelques ruines au milieu d'un désert. D'un autre côté, le déboisement des crêtes des collines, même dans les provinces éloignées des montagnes, et le piétinement des troupeaux ont dénudé et stérilisé complétement des champs jadis très-productifs. Tous les hommes compétents sont unanimes pour signaler cette détérioration continue et rapide du sol de la France, et nous pronostiquent, dans un avenir peu lointain, l'état actuel de la Grèce, du littoral de l'Asie Mineure et de tant d'autres contrées où la fertilité a disparu avec la végétation, laquelle avait cédé elle-même à l'avidité imprévoyante des habitants. Mais ce que ne ferait point l'intérêt privé, naturellement égoïste, la société peut et doit le faire, et cela sous peine de s'amoindrir elle-même avec la fécondité de son sol nourricier.

» Lorsque les peuplades faibles et pauvres subissent un fléau météorologique, elles courbent la tête, comptent leurs pertes et subissent apathiquement les lois de la nature qui les tyrannise, comme les lois d'une irrésistible fatalité. Il n'en est pas de même d'une société puissante et fortement organisée. Les fléaux sont pour elle des avertissements. Elle étudie la cause du mal et s'efforce d'y porter remède. Les inondations de 1856 ont suggéré de rendre successives les arrivées des crues des divers affluents d'une rivière principale, et d'autres travaux pour la préservation des villes ont diminué les dangers des inondations à venir; mais ce ne sera que quand des travaux de reboisement exécutés en grand auront ôté à nos rivières leur régime torrentiel que nous serons délivrés du danger de ces amassements subits d'eaux pluviales qui ont tant fait de mal en 1856 dans le bassin de la Loire.

» Les Chinois, ce peuple exceptionnel en tout, semblent être les seuls parmi les peuples permanents qui aient entretenu la fertilité de leur sol par des plantations, des irrigations, des engrais, des cultures non épuisantes. Les Grecs nous offrent une conduite opposée. Déjà du temps d'Alexandre, trois cents ans avant notre ère, Aristote remarquait que les royaumes d'Argos et de Mycènes, desséchés et dénudés par un trop long séjour d'habitants trop nombreux, avaient perdu leur force et leur fertilité. Athènes et son territoire lui paraissent de son temps en plein rapport et en pleine vigueur, tandis qu'à l'époque de la guerre de Troie, l'Attique était encore marécageuse et improductive. Il prédit pour cette contrée la défertilisation et la dépopulation qu'elle a subies depuis, et auxquelles elle ne remédiera, à partir de nos jours, qu'au prix de longs et persévérants travaux, que sans doute le vingtième siècle qui s'approche ne verra pas même terminer. Mais revenons à la France.

» Dans l'état actuel du régime de nos rivières, il ne faut pas espérer de contenir leurs eaux dans les grandes crises de pluie qui peuvent survenir de temps en temps à l'époque des rechutes du courant d'air chaud et humide de l'Atlantique, alors que ce courant, qui d'année en année est remonté vers le nord, retombe tout à coup sur la France. Une telle rechute a eu lieu en 1856 et dix ans auparavant. Plus tard, par les reboisements, on se rendra maître des eaux à leur origine, et on verra renaître les fontaines naturelles que le déboisement a supprimées. Ainsi, peu à peu, une irrigation artificielle reproduira la végétation, qui sera ensuite elle-même la cause d'une irrigation naturelle par les fontaines et les ruisseaux permanents que ce reboisement aura fait renaître.

. . . .

» Il reste maintenant deux choses à examiner, savoir : les irrigations en grand et le reboisement complet. Ce ne sera que par une industrie coûteuse qu'on pourra tirer en partie nos grandes rivières de leur lit pour en épandre les eaux sur toutes les parties arrosables du bassin qu'elles peuvent féconder, et dont elles augmenteront le produit jusqu'à une limite bien supérieure au rendement actuel. L'élève de nombreux bestiaux et la production de riches engrais résulteraient de ces dispendieux travaux, qui cependant aboutiraient, en définitive, à une rémunération abondante du capital employé. Plusieurs milliards ont été mis à la construction des chemins de fer avec un produit certainement moindre que celui des travaux météorologiques dont il est ici question. Mais pour les irrigations à grands canaux, pour l'établissement des lacs de distribution et de retenue, pour la construction des aqueducs et des barrages tels que ceux dont nous avons l'exemple en trois ou quatre endroits de la France, quelle que doive être la dépense, il n'y a pas à hésiter; pas même à différer : c'est la nécessité, l'impérieuse nécessité qui commande.

» La société réclame, l'industrie et la science doivent répondre à son appel, sans alléguer l'impossible.

» Avant de passer au reboisement des grandes hauteurs, disons qu'avec le système des grands canaux d'irrigation qui dériveraient une portion notable de nos grands fleuves et de leurs affluents, on maîtriserait presque complétement les grandes inondations par des travaux faciles à ajouter aux grands deversoirs échelonnés de distance en distance. La belle carte de M. l'ingenieur en chef Dausse, chargé de la statistique des rivières de France et lauréat de l'Académie des sciences, me donne la certitude que l'hydraulique ne reculerait devant aucune sérieuse difficulté offerte dans ces gigantesques et productifs travaux. Le reboisement de toutes les collines sans exception, un approvisionnement d'eau abondante pour les populations de toutes les villes de France et la production de riches prairies naturelles seraient le résultat de ces belles entreprises, dont le succès est écrit dans les lignes de niveau que nous donnent les admirables travaux de nos officiers d'état-major.

» Il reste enfin à faire le travail le plus difficile, le plus improductif, mais aussi le plus indispensable et le moins différable de tout ce qui se rapporte à la fertilisation du sol de la France par l'aménagement des eaux, d'après la nécessité bien reconnue de porter un prompt remède aux ravages des torrents et des pluies d'averses dans les pentes élevées qui couronnent les bassins de tous nos fleuves, il faudrait prendre à leur origine toutes ces eaux torrentielles et les jeter de côté dans de nombreuses petites rigoles tracées horizontalement sur les flancs des pentes rapides. En peu de temps ces rigoles, semblables aux sillons d'une plantation échelonnée, semblables à celles dont on fait usage en plusieurs localités françaises qui ont gardé les leçons des anciens possesseurs arabes ; ces petits conduits, disons-nous, traceraient de nombreux sillons de verdure, tant par des plantes que par des arbrisseaux et des arbres, de manière à fixer le sol et à reproduire d'année en année la terre végétale qui a disparu en totalité depuis longtemps. Ce sont des soins, de la surveillance, un système de réparations promptes, bien plus que de grandes dépenses de constructions qui seraient nécessaires à ces reboisements élevés qu'il faut entreprendre de suite, à tel prix que ce soit, et ne plus abandonner jamais. La météorologie mesurera les eaux de chaque saison qui seront reçues dans de nombreux petits réservoirs placés à l'origine même des torrents, l'hydraulique les dirigera en filets reboiseurs le long des pentes dénudées, les ingénieurs forestiers indiqueront les plantations et les semis à faire dans ces rigoles de reboisement, une administration active et ferme donnera l'impulsion et la stabilité à ces travaux qui empêcheront la fertilité de disparaître d'une partie considérable de notre beau pays. Si l'on manquait de bras, des régiments de planteurs pourraient être organisés, comme l'ont été en Algérie quelques compagnies de planteurs et de greffeurs qui ont rendu d'utiles services. Sous le dernier règne, les bois des environs de Paris ont été plantés dans leurs clairières par des moyens analogues. On pourrait donner ainsi à beaucoup de nos vétérans des invalides d'un nouveau genre et qui conviendraient à des hommes élevés pour les travaux de la terre.

» A part les contrées dénudées et dépeuplées par le séjour de populations imprévoyantes, on peut distinguer deux sortes de rapports entre le pays et la population qui l'occupe. Dans les populations faibles et clair-semées, la nature domine l'homme, et les travaux de celui-ci ne sont pas suffisants pour faire rendre au sol tout ce qu'il pourrait donner sans s'épuiser. Dans les populations trop nombreuses, au contraire, on détruit la fertilité de la terre en lui demandant plus qu'elle ne peut produire. La France, bien aménagée et bien arrosée, nourrirait facilement le double des habitants qu'elle a maintenant. Quelle belle perspective !

» Si l'on disait à un Français : « Votre pays va conquérir un peuple de vingt millions d'âmes qui ne porteront point votre joug avec peine, qui parleront votre langue, seront vos amis, vos parents, vos frères, et augmenteront la force et l'influence que votre nation doit à sa bravoure, à ses lumières et à son souverain », quel est celui qui ne s'empresserait pas de demander par quels moyens on pourrait assurer une si heureuse conquête? La réponse est que ce beau résultat naîtra des reboisements et des irrigations, qui augmenteront rapidement et les produits du sol et la population qui en subsiste. Pour ajouter à son empire vingt millions de Français, avec la paix et la science, et sous un gouvernement soigneux du bien public, la France n'a qu'à se conquérir elle-même. »

www.ingramcontent.com/pod-product-compliance
Lightning Source LLC
LaVergne TN
LVHW050426160826
845677LV00002BA/567